OSSIFICATION DE LA CHOROÏDE.

RÉFLEXIONS

SUR LES

OSSIFICATIONS DE L'ŒIL

Par M. le D^r Th. LAENNEC,

Membre de la Société Académique de la Loire-Inférieure,
Secrétaire-Adjoint de la Section de Médecine,
Chef des travaux anatomiques à l'Ecole de Médecine de Nantes.

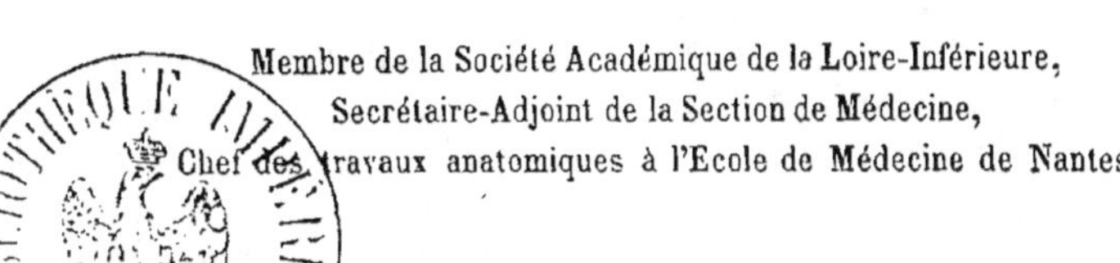

MESSIEURS,

Sur un homme de trente-quatre ans, mort à l'Hôtel-Dieu dans le service de la clinique de M. le professeur Malherbe, le 28 mai 1860, j'ai eu occasion d'observer une ossification cupuliforme de la moitié postérieure de la choroïde de l'œil droit.

Les observations d'ossification de l'œil sont rares ; toutes ne sont pas d'une exactitude très rigoureuse, et l'histogénie de ce nouveau tissu laisse surtout beaucoup à désirer.

Tous les auteurs qui ont parlé de l'ossification de la choroïde sont d'accord pour dire qu'elle a tou-

1861

jours été rencontrée sur des yeux atrophiés, le plus souvent à la suite d'une inflammation traumatique, (Mackensie, Nélaton, J. Cloquet, Pétréquin, Voigtel, Haller, etc.), quelquefois à la suite d'une ophthalmie profonde intense (*choroïdite exsudative,* Follin. — *Ophthalmie blennorrhagique ancienne,* Pétréquin.)

Dans tous ces cas, il existait simultanément une opacité du cristallin.

Le traumatisme aurait produit l'ossification que je vais décrire, et, si l'on peut s'en rapporter aux réponses d'un malade presque complètement privé de sa raison, la perte de l'œil droit remonterait à la première enfance (1).

L'œil est diminué de volume. La sclérotique ne présente rien de particulier, si ce n'est qu'elle est moins tendue à sa partie antérieure, où elle paraît comme plissée, qu'à sa partie postérieure. Le nerf optique est légèrement atrophié. La cornée est tout à fait opaque. L'iris, dont la couleur est altérée, est appliqué sur la cornée avec laquelle il semble avoir contracté des adhérences. L'humeur aqueuse manque; le cristallin, · presque doublé de volume et d'une dureté extrême, est antérieurement calcifié ; mais le microscope n'y révèle aucune organisation osseuse. Les fibres du cristallin ne sont plus reconnaissables. L'analyse chimique démontre la présence de carbonates et de phosphates de chaux. Le corps vitré est fluidifié. La rétine amincie, ratatinée, mais encore facilement reconnaissable, est appliquée sur une cupule osseuse située entre elle et la sclérotique, et que des recherches multipliées m'ont manifestement démontré être la moitié postérieure de la choroïde ossifiée.

____

(1) Ce malade, entré à l'Hôpital le 25 mai 1860, est mort le 28 du même mois, à la suite d'une méningite. Il nous a été impossible d'en obtenir des réponses satisfaisantes.

Ici, point de doute sur le siége de l'ossification, puisque je retrouve à la face interne et à la face externe de la cupule osseuse, les deux couches pigmentaires si facilement reconnaissables de la choroïde.

L'ossification, régulièrement sphéroïde à sa face externe, présente à sa face interne plusieurs arêtes ou crêtes longitudinales antéro-postérieures, qui plongent à l'intérieur et rétrécissent la capacité du globe oculaire.

C'est peut-être à la compression produite par ces arêtes qu'est due la fluidification du corps vitré.

L'examen microscopique y révèle non seulement de nombreux ostéoplastes, mais encore des canaux de Havers autour desquels les cellules osseuses sont groupées concentriquement, absolument comme dans les os longs.

L'ossification s'est opérée d'arrière en avant. Les cellules plasmatiques de la partie postérieure de la choroïde, qui se trouvent en assez grand nombre dans le tissu conjonctif de soutien (tissu conjonctif qu'on peut aussi regarder comme le tendon du muscle ciliaire), ces cellules plasmatiques, dis-je, ont fait les frais de l'ossification pathologique : elles se sont groupées autour des vaisseaux si nombreux de la choroïde, et ont formé ainsi les séries concentriques que l'on observe autour des véritables canaux de Havers.

Mon excellent ami, M. le docteur Villemin, médecin aide-major de première classe, et répétiteur de physiologie à l'Ecole de Médecine militaire de Strasbourg, l'auteur des magnifiques planches du *Précis d'histologie humaine* de M. Ch. Morel (de Strasbourg), a eu la complaisance de m'envoyer le dessin d'une des préparations qu'il a faites sur l'ossification dont j'ai l'honneur de vous entretenir. Vous pouvez y voir de nombreux et très volumineux ostéoplastes groupés régulièrement autour d'un canalicule de Havers, dont la section s'est ici opérée un peu obliquement.

Ossification de la Choroïde. (Grossissement 80.)

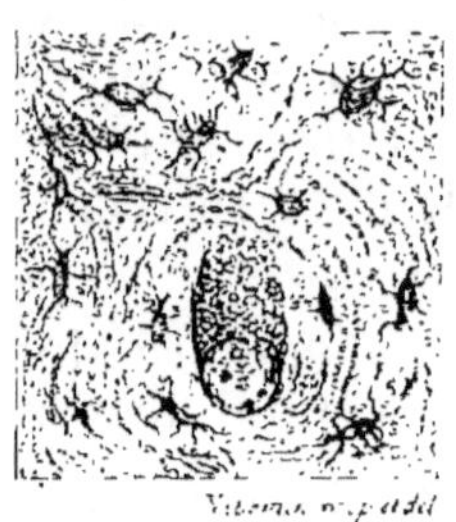

On a beaucoup discuté sur la structure si complexe de la choroïde, et si aujourd'hui les anatomistes sont d'accord en ce point, c'est encore une des conquêtes du microscope.

Vous me permettrez sans doute, Messieurs, de vous rappeler en quelques mots l'histologie normale de cette délicate enveloppe de l'œil, dont la connaissance, le souvenir exact sont nécessaires, pour bien comprendre les changements pathologiques qui peuvent y survenir.

La choroïde double la face interne de la sclérotique et s'étend depuis l'insertion du nerf optique jusqu'au voisinage du bord antérieur de la sclérotique. En arrière, elle présente une ouverture circulaire, mais intimement adhérente au névrilemme du nerf optique: en avant, elle présente une portion renflée, *le corps ciliaire,* et se continue avec l'iris sans ligne de démarcation aucune. (Kœlliker, Ch. Morel.) La face externe de cette membrane adhère très légèrement à la sclérotique par les vaisseaux et les nerfs ciliaires et quelques rares fibrilles de tissu conjonctif, et est tapissée par une couche de cellules très irrégulièrement rameuses et remplies de granulations pigmentaires qui lui donnent sa teinte brunâtre.

C'est la *lamina fusca* des anciens anatomistes, dont une petite partie reste toujours adhérente à la sclérotique dans les dissections (Kœlliker).

Sa face interne est également tapissée d'une couche de cellules pigmentaires, plus nombreuses que les précédentes, très régulièrement polyédriques et contenant une plus grande quantité de pigment. (L'épithélium de la face profonde de l'iris, *uvée,* est formé de cellules polyédriques semblables.)

Entre ces deux couches pigmentaires se trouve la choroïde proprement dite, légèrement adhérente à la sclérotique par sa face externe, *mais n'ayant aucune connexion avec la rétine sur laquelle elle repose directement.* (Ch. Morel, Sappey, Kœlliker).

Dans la moitié postérieure, on ne trouve que des vaisseaux et des nerfs unis les uns aux autres par un tissu conjonctif très délié et renfermant des *cellules plasmatiques :* dans la moitié antérieure apparaît un élément nouveau, la fibre musculaire lisse.

En effet, le ligament ciliaire des anatomistes, (anneau ou cercle ciliaire, ganglion ciliaire, muscle ciliaire) dans lequel Brücke et Bowman ont reconnu presque en même temps un véritable muscle (Kœlliker), appelé muscle ciliaire ou tenseur de la choroïde, consiste en faisceaux de fibres musculaires lisses. Ce muscle s'insère en avant à la paroi inférieure du canal de Schlemm, puis un peu plus loin à l'extrémité postérieure d'un faisceau fibreux qui se continue avec le liseré amorphe de la cornée, soutien de la membrane de Descemet (Kœlliker, C. Morel, C. Robin), En arrière, le muscle se prolonge par des faisceaux longitudinaux jusqu'à la partie moyenne de la choroïde (Ch. Morel).

Les vaisseaux et les nerfs de la choroïde et de l'iris (vaisseaux et nerfs ciliaires) sont très nombreux et paraissent destinés à l'appareil musculaire de ces membranes (Kœlliker, C. Morel, C. Robin, H. Müller, Bowman, Brücke).

Les vaisseaux ciliaires qui traversent le muscle ciliaire s'amalgament pour ainsi dire avec lui, et il en résulterait, d'après M. le professeur Rouget, la formation d'un appareil érectile. (Ch. Morel.)

M. Sappey est, je crois, le seul auteur moderne qui nie la structure musculaire du corps ciliaire. Il traite même assez dédaigneusement *les quelques écrivains d'Allemagne* qui n'ont pas craint de voir dans le ligament ciliaire un véritable muscle, et qui en ont expliqué le rôle physiologique.

Je tenais, Messieurs, à vous remettre en mémoire la structure intime de la choroïde, parce que vous voyez que la présente ossification pathologique est encore une preuve des principes que j'ai eu l'honneur de vous exposer l'an dernier sur la genèse des os et leur régénération.

Ici, comme toujours, c'est encore la cellule plasmatique qui est l'élément fondamental, c'est elle qui devient directement cellule osseuse : ici, comme du reste dans toutes les préparations que j'ai faites à propos de l'ostéogénie, il m'a été impossible d'apercevoir la moindre trace de *blastême*, de ce soi-disant organisateur par excellence, sur lequel on a déjà commis tant de divagations, et que j'ai vu dernièrement avec plaisir rejeté complètement par Virchow dans sa pathologie cellulaire.

Multiplication des cellules plasmatiques et leur transformation directe en cellules osseuses ; apparition d'une substance fondamentale nouvelle (osséine Robin) et son mélange intime avec les molécules des sels calcaires ; voilà simplement ce que n'a pas toujours démontré le microscope dans les ossifications des membranes (1).

Que si maintenant nous ouvrons les annales de la science et les traités des spécialistes, nous voyons que les véritables ossifications de l'œil sont rares, et que toutes ou presque toutes appartiennent à la choroïde.

M. Pétréquin (*Ann. d'oculistique, t. I, p.* 381), dans la relation d'un voyage médical en Italie, 1838, rapporte que les ossifications figurent au nombre des altérations oculaires les plus répandues dans les cabinets de ce pays. Et, bien que dans cette nomenclature se trouvent *certaines cataractes pierreuses, des ossifications de la rétine, une ossification du corps vitré,* etc., il ajoute cependant que les ossifications de la choroïde sont de beaucoup les plus communes.

M. Schœn (*Ann. d'oc., t. I, p.* 381) a établi l'ordre de fréquence des ossifications de l'œil, eu égard aux divers tissus. La choroïde paraît en première ligne. Je vous épargne, Messieurs, l'analyse de ce travail, fort curieux du reste, et dans lequel les artères ophthalmiques *athéromateuses* occupent le septième rang, sous le rapport de la fréquence des ossifications de l'œil.

Presque tous les auteurs qui ont décrit des ossifications du cristallin et de sa capsule, du corps vitré, de la membrane hyaloïde, de la rétine, ont soin de prévenir.... *qu'on a rencontré des dépôts calcaires ou des ossifications* dans tous les tissus de l'œil.

Des dépôts calcaires, soit, il s'en fait partout; surtout dans ce que Virchow appelle les métamorphoses caséeuses (tubercule, athérome artériel, etc.)

______

(1) Dans un voyage que j'ai fait l'été dernier à Strasbourg, j'ai eu occasion de communiquer quelques préparations de cette ossification à mon affectionné maître, le docteur Ch. Morel, professeur agrégé à la Faculté de médecine. Ce fait piqua sa curiosité, car c'était le premier de ce genre qu'il lui était donné d'examiner. Il partagea, du reste, toutes les idées que je viens de vous exposer sur l'histogénie de cette ossification pathologique.

Mais pour qu'une véritable ossification, c'est-à-dire *une organisation osseuse*, puisse se produire, il faut nécessairement la préexistence d'un élément particulier, *l'élément cellulaire.*

M. Sichel (*Ann. d'oc.*, *t. XI*, *p.* 223) intitule une observation : *cas rare d'ossification de la capsule cristalline dans une cataracte traumatique....* Mais dans le courant de cette observation, il convient que cela ne pouvait bien être qu'une simple *pétrification.*

Déjà Glüge (*An. d'oc.*, *t. X*, *p.* 226) avait donné cette définition de l'ossification du cristallin : matière calcaire qui se dépose en grains entre les fibres du cristallin.

Vous le voyez, Messieurs, c'est à peu près la description histologique que les auteurs modernes donnent de certaines formes de la cataracte avancée, et je m'explique difficilement comment M. Mackensie a décrit, dans un article à part, comme ossifications, quelques pétrifications ou calcifications du cristallin et de sa capsule. Ces observations, fort intéressantes, eussent bien mieux figuré dans le remarquable chapitre où le savant oculiste traite si magistralement de la cataracte.

A l'article cataracte du Dictionnaire de Nysten, 1858, M. C. Robin fait complètement justice des cataractes osseuses, *niées du reste par tous les histologistes;* car on n'y trouve point, dit-il, les éléments anatomiques des os qui sont caractéristiques, comme chacun sait, et faciles à reconnaître partout où ils se trouvent.

Parlant ailleurs (p. 1000) de certaines ossifications, il ajoute que ces prétendues ossifications accidentelles ne sont que de simples incrustations calcaires entre les fibres ou à leur place, et qui ont plus exactement été appelées *calcifications.*

C'est, je crois, le cas des prétendues ossifications du corps vitré, cet organe ne contenant, *au moins chez l'adulte,* aucun élément qui puisse devenir cellule osseuse.

De toutes les observations de ce genre que j'ai analysées, une seule me semble mériter les honneurs de la discussion, et, bien qu'elle ne soit évidemment qu'une ossification de la choroïde, elle ne laisse pas que d'être fort intéressante.

Ossification du corps vitré, par M. Sprée : thèse de l'Université de Groningue (*An. d'oc., t. XIV, p.* 122). On avait opéré une cataracte de l'œil droit sur le sujet de cette observation, âgé de 61 ans; mais la vue ne s'était pas rétablie. L'œil gauche était parfaitement sain. Jamais le malade ne ressentit aucune douleur à l'œil droit, dans lequel on ne trouva, après la mort, pas même une trace du corps vitré ni de la membrane hyaloïde. Un corps osseux (dans lequel le microscope démontra des ostéoplastes et des espaces médullaires), un corps osseux, presque de la même forme que le corps vitré, convexe en arrière, concave en avant, remplaçait cet organe. Tout près de ce corps est située la membrane choroïdienne *qui y adhère dans quelques endroits,* tandis qu'elle en est séparée dans d'autres. Le cristallin manque : on ne trouva *aucune trace de rétine ni de pigment noir.* Pour l'auteur, l'ossification du corps vitré aurait été produite par les vaisseaux de l'iris et de la choroïde; et il appuie son opinion, sur ce qu'une néomembrane vasculaire unissait l'iris et la partie antérieure de la choroïde à la pièce pathologique.

Loin d'attribuer, comme l'auteur, cette ossification au corps vitré, il me semble beaucoup plus naturel de la rapporter à la choroïde. En effet, la forme du corps osseux, la disparition complète du corps vitré et de la membrane hyaloïde, ne prouvent point suffisamment que ce soit le corps vitré qui s'est ossifié dans ce cas. Bien au contraire, l'absence de la rétine et de la couche interne de la choroïde (pigment noir); les adhérences multiples qui unissent si bien cette membrane à la boule osseuse, que M. Sprée *croit devoir attribuer aux vaisseaux de l'iris et de la choroïde, le mérite de l'ossification pathologique,* sont pour moi autant de preuves que le point de départ de la lésion a été la choroïde.

Si, dans le cas qu'il m'a été donné d'observer, les arêtes antéro-postérieures avaient creusé davantage, *et si surtout elles avaient poussé des arêtes secondaires,* elles auraient parfaitement pu produire par leur fusion une véritable boule osseuse ; le corps vitré *déjà fluidifié* aurait été résorbé, et la rétine, de plus en plus atrophiée, aurait fini par disparaître.

Les ossifications de la rétine ne sont pas admises par tous les auteurs. MM. les professeurs Nélaton et Mackensie, entre autres, ne croient point aux ossifications de cette membrane ; mais, s'appuyant sur l'autorité de noms illustres, Haller, Morgani, Morand, Scarpa, Panizza, J. Cloquet, etc., ils admettent que dans ces cas l'ossification s'est faite entre la rétine et la choroïde, soit dans la membrane de Jacob (Nélaton), soit dans une fausse membrane organisée (Mackensie).

Et d'abord, nous venons de voir que la rétine repose directement sur la choroïde sans interposition d'aucun tissu.

Kœlliker nous avertit (*Manuel d'histologie, p.* 674) que la membrane de Jacob qu'Arnold représente comme recouvrant les cellules pigmentaires de la face profonde de l'iris (*membrane du pigment* de Kraüse ; *membrane limitante* de Pacini et de Brücke), n'est qu'un artifice de préparation dû à la réunion des parois superficielles des cellules pigmentaires profondes de l'iris, qui, là comme en d'autres régions (*villosités intestinales,* par exemple), s'enlèvent quelquefois d'une pièce sur les yeux des individus âgés, ou sous l'action des alcalis.

Or, nous savons que les cellules pigmentaires profondes de la choroïde sont les mêmes que celles de l'iris, et nous comprendrons très bien dès lors que le même artifice de préparation ait pu faire tomber dans une erreur semblable quelques observateurs non prévenus de ce phénomène.

Quant à l'organisation des fausses membranes, le microscope en a surabondamment démontré la fausseté, et je suis heureux de pouvoir encore m'appuyer dans ce cas, sur l'opinion de maîtres aussi autorisés que MM. C. Robin et Virchow.

L'épaississement considérable que subit quelquefois la choroïde dans l'ossification de cette membrane a pu seul induire en erreur les observateurs. Mais je crois pouvoir le redire ici avec assurance, les prétendues ossifications situées entre la choroïde et la rétine, ne sont que des ossifications de la première de ces deux membranes.

C'est, je crois, le cas de l'observation si bien relatée par M. le professeur J. Cloquet, et qui a tant de rapport avec la nôtre. (J. Cloquet, *Path. chirurg.*, p. 130, pl. X, fig. 1 et 2, Paris 1831),(Mackensie, t. 11, p. 219).

Telle est encore l'observation si intéressante de M. Maunoury (de Chartres), que l'auteur donne comme une *ossification probable* de la membrane cellulaire qui existe entre la rétine et la choroïde, et qui était évidemment une ossification de cette dernière (*Ann. d'oc., t. II, p.* 249).

Il en est de même des observations remarquables de Wardrop, relatées dans Mackensie (t. 11, p. 219) : ce sont des ossifications des couches internes de la choroïde.

Pour prouver que l'ossification avait lieu entre la rétine et la choroïde, Wardrop dit que la rétine était appliquée directement sur la cupule osseuse, mais que la sclérotique en était séparée par une membrane qu'il regarde comme le vestige de la choroïde. D'accord, mais je demeure convaincu que s'il eût examiné avec beaucoup de soin ces pièces pathologiques au microscope, Wardrop eût vu que ce *vestige de la choroïde* était en continuité directe avec la partie ossifiée, tout comme fait chez l'enfant le périoste avec l'os, à l'accroissement duquel il coopère.

Dans le cas que j'ai eu l'honneur de vous exposer, j'ai aussi trouvé une membrane entre la sclérotique et la cupule osseuse; et si je ne m'étais servi de l'instrument grossissant, je n'aurais peut-être pas reconnu que c'était la choroïde qui avait donné par sa face profonde l'ossification, absolument comme fait le périoste dans certaines périostites : sa continuité directe avec la portion ossifiée devenait alors de toute évidence.

Du reste, aucune membrane n'existant entre la choroïde et la rétine, l'ossification des fausses membranes devant être rejetée, il ne reste plus à choisir.

Nantes, Vᵉ Mellinet, imprimeur de la Société académique.